essentials

Springer Essentials sind innovative Bücher, die das Wissen von Springer DE in kompaktester Form anhand kleiner, komprimierter Wissensbausteine zur Darstellung bringen. Damit sind sie besonders für die Nutzung auf modernen Tablet-PCs und eBook-Readern geeignet. In der Reihe erscheinen sowohl Originalarbeiten wie auch aktualisierte und hinsichtlich der Textmenge genauestens konzentrierte Bearbeitungen von Texten, die in maßgeblichen, allerdings auch wesentlich umfangreicheren Werken des Springer Verlags an anderer Stelle erscheinen. Die Leser bekommen „self-contained knowledge" in destillierter Form: Die Essenz dessen, worauf es als „State-of-the-Art" in der Praxis und/oder aktueller Fachdiskussion ankommt.

Dieter Schramm • Martin Koppers

Das Automobil im Jahr 2025

Vielfalt der Antriebstechnik

Springer Vieweg

Dieter Schramm
Mechatronik
Universität Duisburg-Essen
Essen, Deutschland

Martin Koppers
Mechatronik
Universität Duisburg-Essen
Essen, Deutschland

ISSN 2197-6708
ISBN 978-3-658-04184-7
DOI 10.1007/978-3-658-04185-4

ISSN 2197-6716 (electronic)
ISBN 978-3-658-04185-4 (eBook)

Die Deutsche Nationalbibliothek verzeichnet diese Publikation in der Deutschen Natio-
nalbibliografie; detaillierte bibliografische Daten sind im Internet über http://dnb.d-nb.de
abrufbar.

Springer Vieweg
© Springer Fachmedien Wiesbaden 2014

Springer Vieweg ist eine Marke von Springer DE. Springer DE ist Teil der Fachverlagsgruppe
Springer Science+Business Media
www.springer-vieweg.de

Vorwort

Die Herausforderungen für das Automobilmanagement und insbesondere das Automotive Engineering sind heute größer als je zuvor. In der, insbesondere für die deutsche Volkswirtschaft, bedeutenden Automobilindustrie hat eine Umorientierung im Bereich des Antriebsstrangs hin zu einer Elektrifizierung begonnen, die durch globale Randbedingungen aber auch durch die daraus resultierenden nationalen politischen Rahmenbedingungen getrieben wird. Problematisch bei der Umsetzung der prinzipiell verfügbaren technischen Lösungen ist derzeit, dass die mit der Umstellung auf elektrifizierte Antriebe einhergehenden technischen Randbedingungen von den Kunden als nachteilig wahrgenommen werden.

Neben dem technologischen Umbruch hat eine Verlagerung von Umsatz und Wertschöpfung gleichermaßen in neue Wachstumsmärkte eingesetzt. Dies bewirkt zwangsläufig eine Anpassung der Strategien und Technologien bei den Automobilfirmen und ihren Zulieferern. Damit verbunden ist häufig auch eine Anpassung der Organisationstrukturen und Lieferketten.

Der vorliegende Beitrag entstand im Rahmen und als Beitrag für die Ringvorlesung „Herausforderungen für das Automotive Engineering & Management" im Studiengang „Automotive Engineering & Management" an der Universität Duisburg-Essen im Jahr 2012, (Schramm et al. 2013).

Auf die weiteren Beiträge der Ringvorlesung zu den Themen:

- Erste Geschäftsmodelle,
- Elektromobilität,
- Mechatronische Systeme,
- Innovative Kunststoffanwendungen,
- Absatzprognosen und
- Leichtbau

"

wird an den entsprechenden Stellen des Textes verwiesen. Die Beiträge können in ihrer vollständigen Fassung in (Proff 2013) nachgelesen werden

Diese Beiträge vertiefen die oben genannten Themen und regen zu weiteren eigenen Untersuchungen an. Sie sprechen als Zielgruppe Dozenten und Studierende der Wirtschafts- und Ingenieurwissenschaften, insbesondere in den Studienschwerpunkten Automobiltechnik, -management und – wirtschaft an. Darüber hinaus sind sie geeignet, um Führungskräften in Automobil- und Zulieferunternehmen aber auch einschlägig tätigen Unternehmensberatern neue Denkanstöße zu liefern.

Inhaltsverzeichnis

Einleitung 1

Der hier vorliegende Beitrag gibt eine Einschätzung über die Entwicklung der Automobillandschaft bis zum Jahre 2025 unter Berücksichtigung unterschiedlichster Rahmenbedingungen. Hierzu werden zunächst die politischen, demographischen und technischen Megatrends, welche die Basis für jede weitere Entwicklung bilden, erläutert. Weiterhin werden die zugehörigen Rahmenbedingungen diskutiert.

Einen Schwerpunkt des Beitrags bildet die Beschreibung der technischen Grundlagen sowie des heutigen Stands der Technik, insbesondere im Hinblick auf die abzusehende Diversität der Antriebstechnik.

Im letzten Teil des Beitrags wird versucht, auf der Basis der im Beitrag beschriebenen Entwicklungen, die Marktentwicklung für die einzelnen Fahrzeugsegmente abzuleiten.

D. Schramm, M. Koppers, *Das Automobil im Jahr 2025*, essentials, DOI 10.1007/978-3-658-04185-4_1, © Springer Fachmedien Wiesbaden 2014

Rahmenbedingungen & Megatrends 2

Die Entwicklung der Automobillandschaft in den nächsten Jahren bis 2025 wird ganz maßgeblich von den globalen politischen und wirtschaftlichen Gegebenheiten beeinflusst werden, die hier nicht in ihrer ganzen Vielfalt diskutiert werden können. Für die folgenden Betrachtungen werden jedoch die folgenden wichtigsten Rahmenbedingungen zugrunde gelegt, s. Abb. 2.1:

- Die Verlagerung politischer und wirtschaftlicher Bedeutung nach Asien und dort speziell nach China. So wird angenommen, dass im Jahr 2025 rund ein Drittel aller Pkw in China produziert und verkauft werden (Kalmbach et al. 2011).
- Das globale Bevölkerungswachstum wird sich regional stark unterschiedlich fortsetzen. Der Anteil der Menschen, die in urbanen Umgebungen leben wird sich bis zum Jahr 2025 auf ca. 30 % erhöhen. Gleichzeitig wird sich in allen Weltregionen außer Afrika der Anteil der Menschen über 65 Jahre – teilweise deutlich – vergrößern, s. Abb. 2.2
- Der Nachhaltigkeitsgedanke vor dem Hintergrund schwindender und sich rasant verteuernder Vorräte an fossilen Energien wird sich auch auf globaler Ebene verfestigen.
- Der Wunsch nach einem eigenen Auto wird sich in entwickelten Ländern zugunsten integrierter Mobilitätslösungen deutlich verringern, s. Abb. 2.3.
- Bis 2025 wird diese Entwicklung global jedoch überkompensiert durch die massive Zunahme der Motorisierung in Entwicklungs- und Schwellenländern, s. Abschn. 2.1.4.
- Es wird zu einem nachhaltigen Umbruch bei den für die Mobilität genutzten Technologien – hauptsächlich im Bereich der eingesetzten Antriebskonzepte – kommen. Dabei wird (teil-) elektrischen Antriebskonzepten eine besondere Bedeutung zukommen. Die Kombination verbrennungsmotorischer mit

D. Schramm, M. Koppers, *Das Automobil im Jahr 2025*, essentials,
DOI 10.1007/978-3-658-04185-4_2, © Springer Fachmedien Wiesbaden 2014

Abb. 2.1 Rahmenbedingungen

elektrischen Antrieben sowie der Einsatz alternativer Kraftstoffe in einer Übergangsphase wird zu einer extrem hohen Diversität bei der Antriebstechnik führen.

Da diese aufgeführten Rahmenbedingungen eine nahezu globale Gültigkeit besitzen, wird in diesem Zusammenhang von Megatrends gesprochen.

2.1 Treiber zur Elektromobilität

Neben den angeführten allgemeinen Megatrends werden im Folgenden die spezifischen Treiber zur Einführung bzw. zum Umrüsten auf elektrische und teilelektrische Fahrzeugantriebe betrachtet.

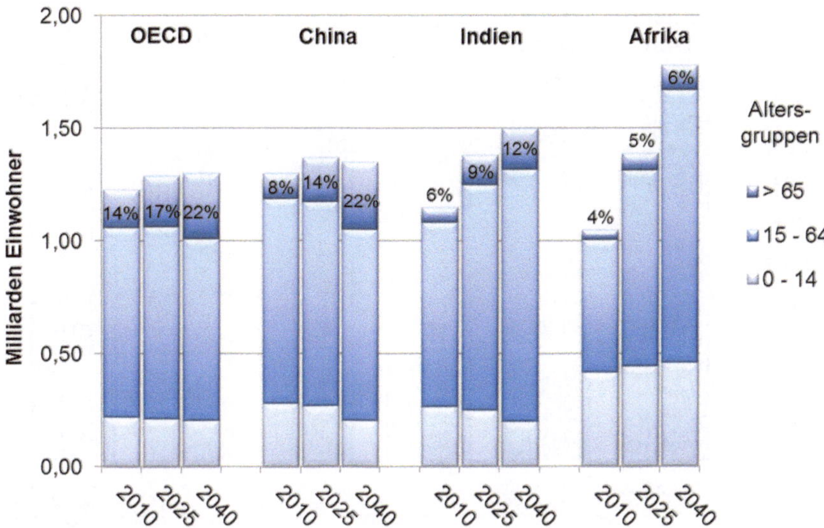

Abb. 2.2 Regionale Anteile der Menschen über 65 Jahre an der Gesamtbevölkerung 2010–2040. (ExxonMobil 2013)

2.1.1   Ölproduktion & -preisentwicklung

Die Kosten für Benzin und Diesel sind analog zu der Entwicklung des Rohölpreises seit den 1950er Jahren ungefähr um den Faktor acht gestiegen,

Abbildung 2.4. Eine Abschwächung oder gar Umkehrung dieser Entwicklung ist nicht absehbar und aus heutiger Sicht auszuschließen. Dieser Trend wird sich mit knapper werdenden Ölreserven noch deutlich beschleunigen. Für sich genommen wird dies bereits eine hohe Vielfalt im Bereich der Antriebssysteme begünstigen.

2.1.2   Fahrzeuge mit Verbrennungsantrieb

Aufgrund der Kostensteigerungen bei den Kraftstoffen einerseits und einer Orientierung der Gesellschaften hin zu einem nachhaltigeren Umgang mit Ressourcen andererseits, wurden bereits seit den späten sechziger Jahren des letzten Jahrhunderts große Anstrengungen unternommen, um den Kraftstoffverbrauch zu senken. Dabei sind zwei Haupteinflussfaktoren zu unterscheiden. Einen großen Einfluss auf den Verbrauch von Kraftfahrzeugen hat die Fahrzeugmasse, die außer dem

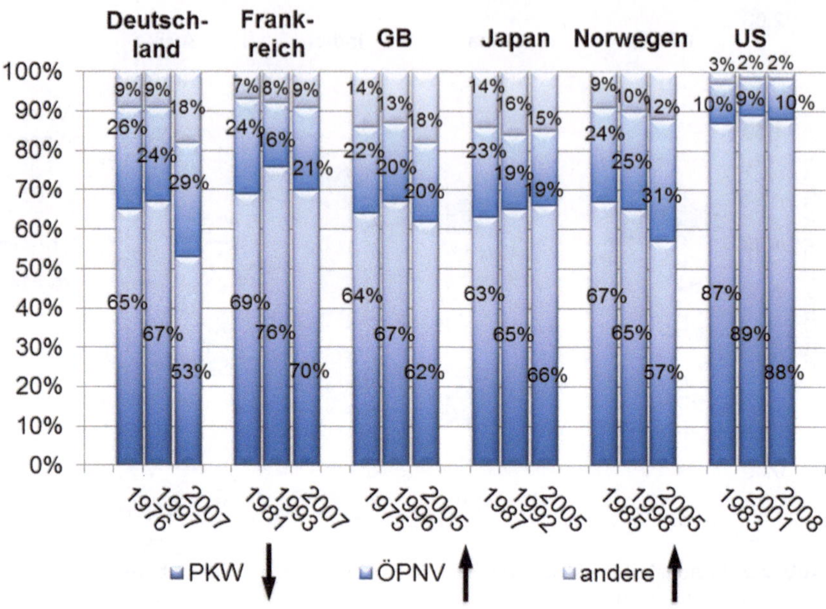

Abb. 2.3 Mobilitätsverhalten unterschiedlicher Altersgruppen. (Institut für Moblitätsforschung (ifmo) 2011)

Luftwiderstand sämtliche anderen Fahrwiderstände wie Roll-, Beschleunigungs- und Steigungswiderstand dominiert (Schramm et al. 2013). Allerdings haben sich die Massen der Kraftfahrzeuge teilweise deutlich erhöht. Dies ist auf die erheblich erweiterte Ausstattung von Fahrzeugen mit Sicherheits- und Komforttechnik zurückzuführen. Eine Auswertung der in Deutschland zwischen 1980 und 2012 angebotenen Fahrzeuge in Basisausstattung ergibt eine Zunahme der Leermasse zwischen 25 und 50 %, Abb. 2.5. Hier wurden die Leermassen der in Deutschland im jeweiligen Jahr am Markt angebotenen Personenkraftwagen in ihrer jeweiligen Grundausstattung erfasst und alle fünf Jahre die Mittelwerte berechnet. Die durchgezogenen Ausgleichsgeraden illustrieren den Verlauf im Zeitraum 1985–2012.

Der Einfluss der Fahrzeugmasse ist dabei beträchtlich. Eine Steigerung der Fahrzeugmasse um 100 kg führt z. B. für Fahrzeuge mit Dieselantrieb zu einer Verbrauchsteigerung um 0,5 l/100 km, Abb. 2.6. Bei dieser Analyse wurden die Daten von im Jahr 2010 in Deutschland am Markt angebotenen Fahrzeugen in ihrer jeweiligen Grundausstattung ausgewertet.

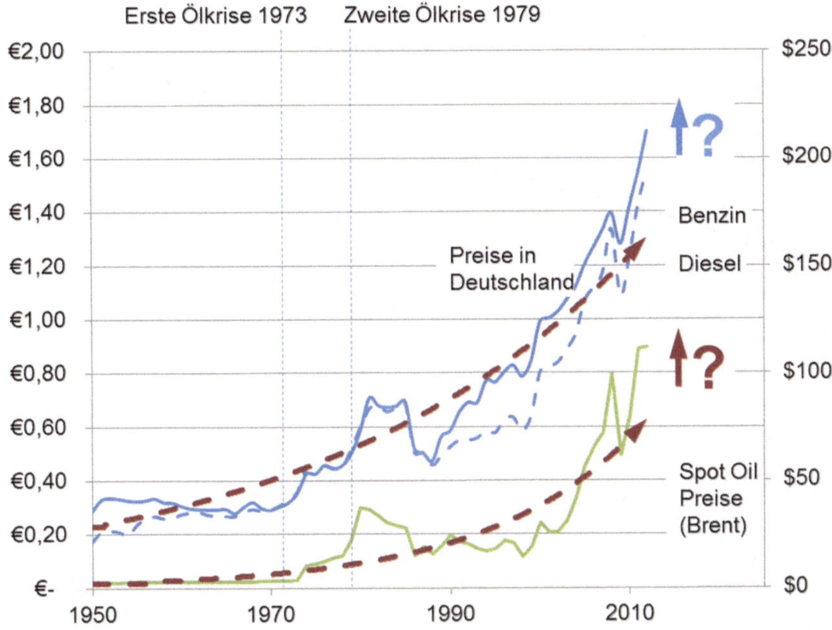

Abb. 2.4 Entwicklung der Rohöl- und Kraftstoffpreise 1950–2010. (Datenquelle: BP, FRED)

Erst bei der aktuellen Fahrzeuggeneration, wie z. B. dem Golf VII und dem 1er BMW sind wieder Reduzierungen bei den Fahrzeugmassen zu verzeichnen. Hierzu trugen neben Einsparungen im Fahrwerk überwiegend Massereduzierungen im Bereich der Karosserie durch den Einsatz neuer Materialen aber insbesondere auch durch den Einsatz neuer Leichtbaukonzepte mit Stahl bei (Patberg et al. 2013) Ebenso ist auch der verstärkte Einsatz innovativer Kunststoffe zu erwarten (Wortberg et al. 2013). In der Zukunft sind möglicherweise weitere Einsparungen dadurch zu erwarten, dass gewichtsintensive Ausstattung mit passiven Sicherheitssystemen zumindest teilweise substituiert werden kann durch neuartige aktive Sicherheitssysteme (Grösch 2013).

Während des gleichen Zeitraums 1985–2012 sanken jedoch die Verbräuche im Neuen Europäischen Fahrzyklus (NEFZ) um ca. 30 % (s. Abb. 2.7). Hier wurden analog zur Beschreibung der Entwicklung der Leermassen von Personenkraftfahrzeugen die Verbrauchsdaten im NEFZ gemittelt und der Verlauf durch Ausgleichsgeraden illustriert.

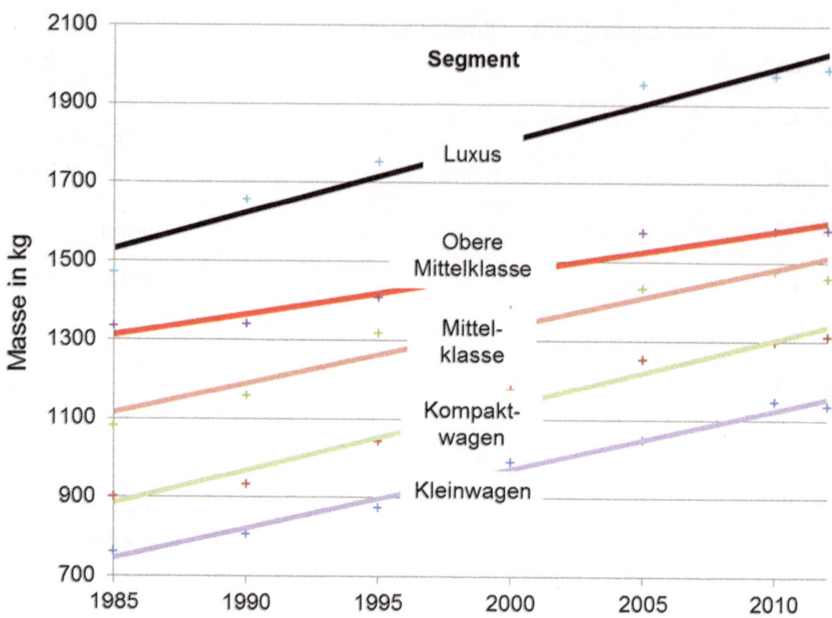

Abb. 2.5 Entwicklung der Fahrzeugmassen 1985–2012

Abb. 2.6 Zunahme des NEFZ-Verbrauchs mit der Masse. (2010)

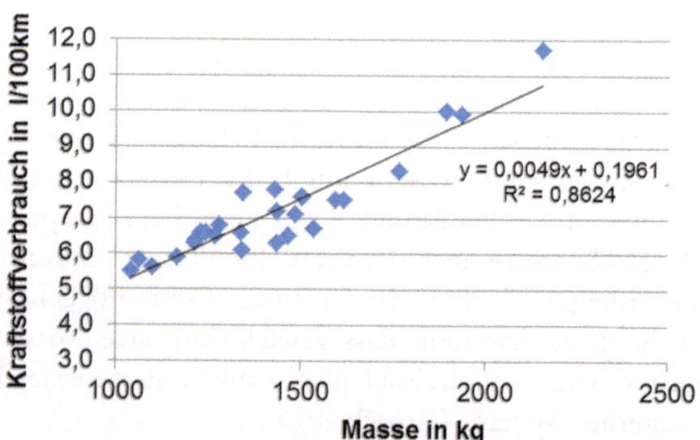

Diese deutliche und stetige Abnahme der Verbrauchsdaten im Vergleichszyklus war im Wesentlichen auf Maßnahmen im Bereich des Antriebsstrangs zurückzuführen. Aber auch aktuelle Effizienzverbesserungen bei Nebenaggregaten tragen erheblich zu dieser positiven Entwicklung bei (Lunkeit 2013; Hesse et al. 2012).

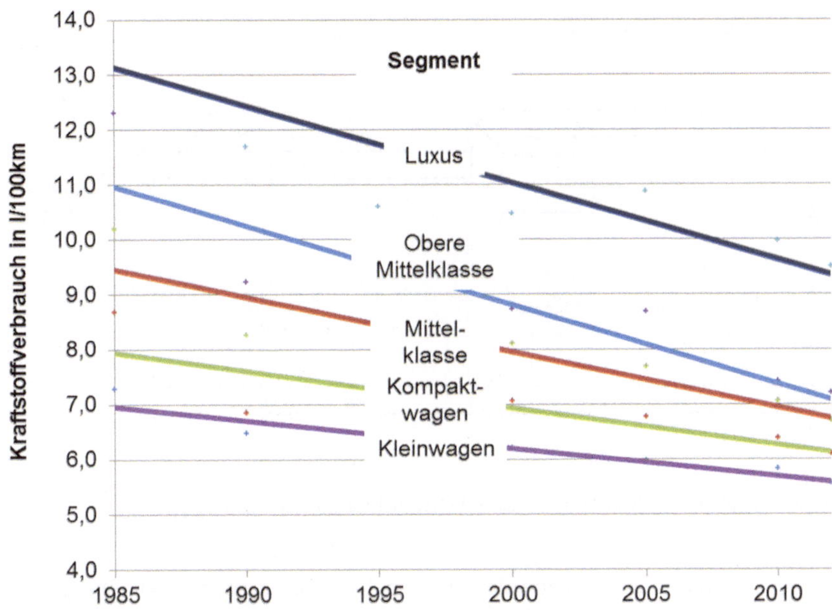

Abb. 2.7 Entwicklung der NEFZ-Verbräuche 1985–2012

2.1.3 Effizienz von Elektroantrieben

Ein Vergleich der jeweiligen Wirkungsgradketten zeigt auf den ersten Blick deutliche Vorteile elektromotorischer gegenüber verbrennungsmotorischen Antriebskonzepten. Das tatsächliche Ausmaß dieser Unterschiede hängt jedoch maßgeblich von der Art der Gewinnung der elektrischen Energie ab. Bei einer detaillierten Betrachtung muss grundsätzlich zwischen der Wirkungskette „well-to-tank", also „vom Bohrloch zum Energiespeicher" und „tank-to-wheel", also vom „Tank zum Rad" unterschieden werden.

Bei der Wirkungsgradkette „well-to-tank" ergibt sich für den verbrennungsmotorischen Antrieb ein Wirkungsgrad von etwa 80 % (s. Abb. 2.8). Dabei sind bereits die künftig weiter steigenden Verluste bei der Förderung bzw. Gewinnung des Rohöls sowie weitere bei Transport und Lagerung anfallende Verluste berücksichtigt. Im Gegensatz dazu verbleibt bei einem elektromotorischen Antrieb ein Wirkungsgrad von 30 % wenn der Strom aus fossilen Energien über Kraftwerke erzeugt wird und ein Wirkungsgrad von 95 Prozent, wenn die Erzeugung regenerativ erfolgt. Dabei ist allerdings in allen Fällen der Aufwand für den Bau der erzeugenden Anlagen (z. B. Solarpanel) nicht berücksichtigt.

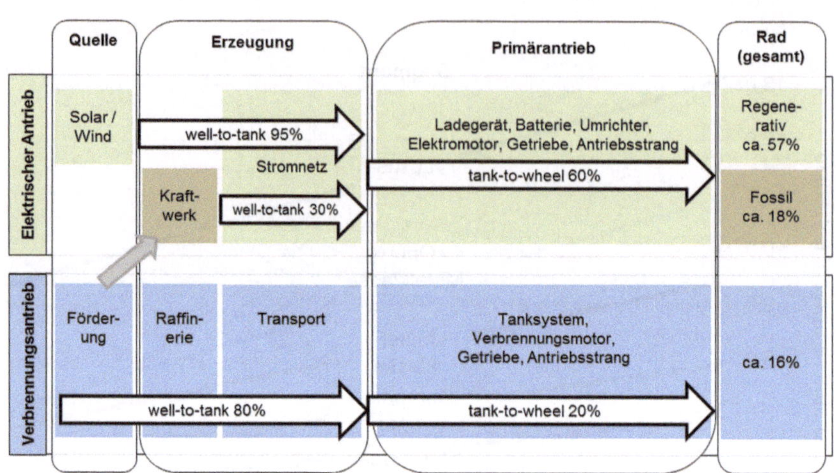

Abb. 2.8 Well-to-Wheel-Wirkungsgradkette. (Schramm et al. 2011)

Bei der Wirkungsgradkette von den im Fahrzeug gespeicherten Energieträgern bis zum angetriebenen Rad (tank-to-wheel) ergibt sich ein völlig anderes Bild. Während ein Verbrennungsmotor mit nachgeschaltetem Antriebsstrang und Nebenaggregaten auf einen durchschnittlichen Wirkungsgrad von 20 % kommt, erreicht ein elektrischer Antriebsstrang aufgrund des überlegenen Wirkungsgrades der Schlüsselkomponente Elektromotor einen Wirkungsgrad von 60 Prozent.

Zusammengefasst ergibt sich bei dieser überschlägigen Betrachtung für einen verbrennungsmotorischen Antrieb ein maximaler Wirkungsgrad von 16 Prozent, der sich durch Optimierungsmaßnahmen am Verbrennungsmotor nach heutigem Wissenstand noch auf etwa 20 % steigern lässt. Der Steigerung des Wirkungsgrads des Verbrennungsmotors sind jedoch unüberwindliche physikalische Grenzen gesetzt. Dies bedeutet, dass optimistisch gesehen selbst bei einem hochoptimierten verbrennungsmotorischen Antrieb lediglich ungefähr 20 % der im Rohstoff Öl enthaltenen Energie in eine Bewegung des Fahrzeugs umgesetzt werden können.

Für einen elektromotorischen Antriebsstrang ergibt sich ein Wirkungsgrad von etwa 57 % bei regenerativer Erzeugung und ungefähr 18 % bei Stromerzeugung über Kraftwerke, wenn der heutige EU-Strommix zugrunde gelegt wird. Auch dieser Wert verschlechtert sich im direkten Vergleich mit einem verbrennungsmotorischen Antrieb noch einmal, wenn berücksichtigt wird, dass zumindest ein Teil der beim Verbrennungsmotor zunächst ungenutzt abgegebenen Wärme für die Fahrzeugheizung verwendet wird, während bei einem reinen Elektrofahrzeug zusätzliche Energie für eine Zusatzheizung bereit gestellt werden muss.

Da derzeit große Anstrengungen unternommen werden, Strom regenerativ zu erzeugen, darf aber zumindest mittel- und langfristig von deutlich besseren Werten ausgegangen werden. Damit ergibt sich ein sehr deutlicher Vorteil für den elektromotorischen Antrieb.

2.1.4   Demographische Entwicklung

Neben der Entwicklung der Kaufkraft in den einzelnen Regionen spielt auch die Entwicklung der Altersstrukturen eine wesentliche Rolle, insbesondere bei der Ausstattung zukünftiger Fahrzeuggenerationen.

Abbildung 2.2 zeigt eine stark unterschiedliche Zunahme der Bevölkerungszahlen in allen Weltregionen.

Allerdings entwickelt sich die altersmäßige Zusammensetzung der Bevölkerung, außer in Afrika, sehr deutlich in Richtung einer Zunahme der Bevölkerung mit einem Alter über 65 Jahren. Diese bedeutet, dass die Fahrzeughersteller in den meisten Weltregionen versuchen werden, die Ausstattung der Fahrzeuge an ältere Fahrer und Passagiere anzupassen. Dies wird die Verbreitung von Fahrerassistenzsystemen in allen Fahrzeugklassen sehr stark befördern.

2.2   Produktzyklus in der Automobilindustrie

Der Zeitraum der Vermarktung einer neuen Fahrzeuggeneration erstreckt sich typischerweise über ca. 4–7 Jahre je nach Modell und Hersteller. Dies bedeutet, dass bis zum Jahr 2025 in der Regel höchstens zwei neue Modellgenerationen den Markt erreichen werden, Abb. 2.9.

Allerdings haben sich die Entwicklungszyklen während der letzten 30 Jahre trotz der gleichzeitigen Zunahme der Typenvielfalt dramatisch verkürzt, wie das Beispiel des VW Golf nachdrücklich vor Augen führt. Während beim Golf I noch ein Vermarktungszeitraum von 10 Jahren (1974–1983) genutzt wurde, hat sich diese Zeitspanne bei der sechsten Generation auf 5 Jahre (2008–2012) verkürzt.

2.3   Technische Grundlagen/Eigenschaften

Im folgenden Abschnitt wird auf die grundlegenden Eigenschaften und Besonderheiten der Komponenten von elektrischen Fahrzeugantrieben eingegangen. Insbesondere die Schlüsselkomponenten elektrischer Antrieb und Batteriesystem werden näher vorgestellt.

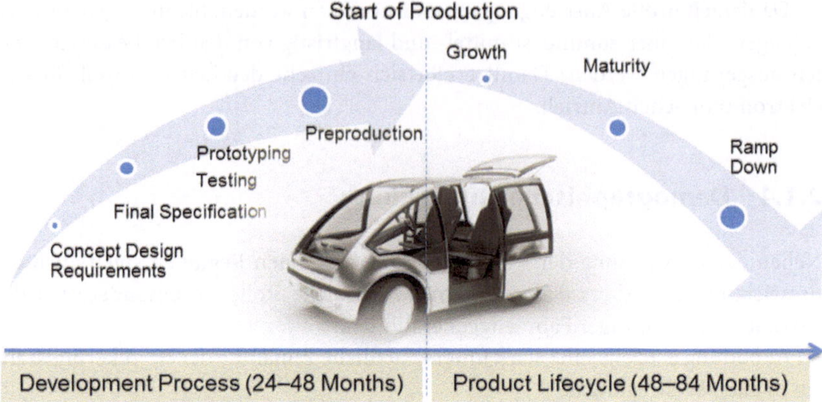

Abb. 2.9 Produktionszyklus in der Automobilindustrie

Abb. 2.10 Kennfeld eines
geregelten elektrischen
Antriebs

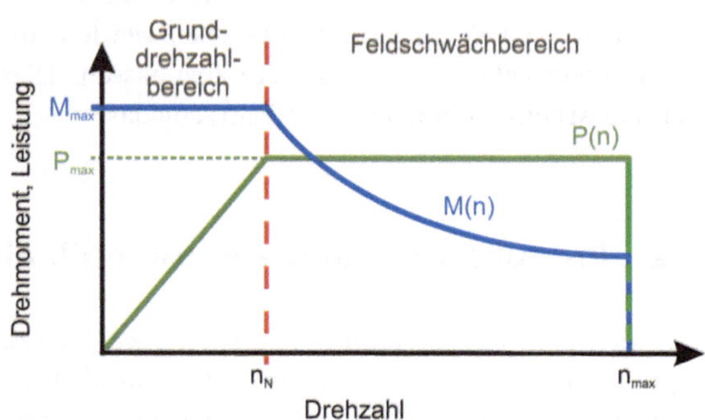

2.3.1 Elektrische Antriebe

Elektrische Antriebe werden bereits seit mehr als 100 Jahren in verschiedensten Bereichen eingesetzt und weiterentwickelt. Auch die Anwendung in Kraftfahrzeugen ist im Laufe des 20. Jahrhunderts mehrmals angedacht und prototypisch bzw. in einer Kleinserie umgesetzt worden.

In heutigen Fahrzeugen werden nahezu ausschließlich Drehstromantriebe verwendet. Insbesondere Asynchron- und permanent-erregte Synchronantriebe sind derzeit die am häufigsten verwendeten Maschinentypen.

Durch den Einsatz moderner Leistungselektronik resultiert für die Anwendung im Kfz – unabhängig vom eingesetzten Maschinentyp – in erster Näherung ein Kennfeld nach Abb. 2.10.

Die Betriebsbereiche *Grunddrehzahl-* und *Feldschwächbereich* werden an der Nenndrehzahl n_N getrennt. Bis zu dieser Drehzahl kann ein nahezu konstantes Drehmoment abgerufen werden. Im Feldschwächbereich ist in erster Näherung eine konstante Leistungsabgabe möglich.

Die Charakteristik dieses Kennfelds ist insbesondere für die Anwendung in einem Kraftfahrzeug sehr geeignet und entspricht in beinahe idealer Weise dem optimalen Leistungskennfeld eines Kraftfahrzeugs. Verbrennungsmotorische Antriebe müssen einen ähnlichen Verlauf durch zusätzlichen technischen Aufwand über die Wandlungen in den unterschiedlichen Getriebegängen erzeugen. Die Wirkungsgrade elektrischer Maschinen liegen mit 70–95 % deutlich über denen eines Verbrennungsmotors und tragen somit erheblich zur Gesamtsteigerung des Wirkungsgrads bei (siehe Abb. 2.8).

2.3.2 Batteriesystem

Die Energie zum Betrieb des elektrischen Antriebs wird in der Batterie elektrochemisch gespeichert und während der Fahrt mitgeführt. Auch bei dieser Komponente können unterschiedliche Technologien eingesetzt werden. In der Automobilindustrie werden heutzutage hauptsächlich drei unterschiedliche Typen eingesetzt. Während Bleibatterien in konventionellen 12 V-Bordnetzen z. B. als Starterbatterien eingesetzt werden, finden Nickel-Metallhydrid-Batterien (NiMH) z. B. als Traktionsbatterien für Hybridfahrzeuge Anwendung. In diesem Fall wird die Batterie als Energielieferant für einen antreibenden Elektroantrieb verwendet. Als dritte Säule werden Lithium-Ionen-Batterien (Li-Ion) verwendet. Diese eignen sich aufgrund ihrer spezifischen Energie ebenfalls als Traktionsbatterie für Batteriefahrzeuge. Insbesondere die weiteren Entwicklungsmöglichkeiten hinsichtlich der technischen wie auch ökonomischen Charakteristiken werden den Batteriefahrzeugmarkt prägen. In Abb. 2.11 sind die Zielwerte für die spezifische Energie und die Kosten dieser Batterien bis 2020 dargestellt.

Hier wird länderübergreifend eine deutliche Steigerung der spezifischen Energie für möglich gehalten. Im direkten Vergleich zu flüssigen Kraftstoffen wie Diesel oder Benzin (spez. Energie rund 12.000 Wh/kg) ist dieser Wert jedoch ungefähr um das 100-fache (2010) bzw. 50-fache (2020) geringer. Aufgrund dieser Zusammenhänge ist das hohe Gewicht des Energiespeichers bzw. die begrenzte Reichweite von Elektrofahrzeugen zu erklären. Bei einem Verbrauch von 15. . . 20 kWh/100 km würde bei einem aktuellen Durchschnittswert von 100 Wh/kg eine Batterie mit einem Gewicht von 150. . . 200 kg pro 100 km gewünschter Reichweite resultieren. Da das Gewicht eines Fahrzeugs jedoch in direktem Zusammenhang mit dessen

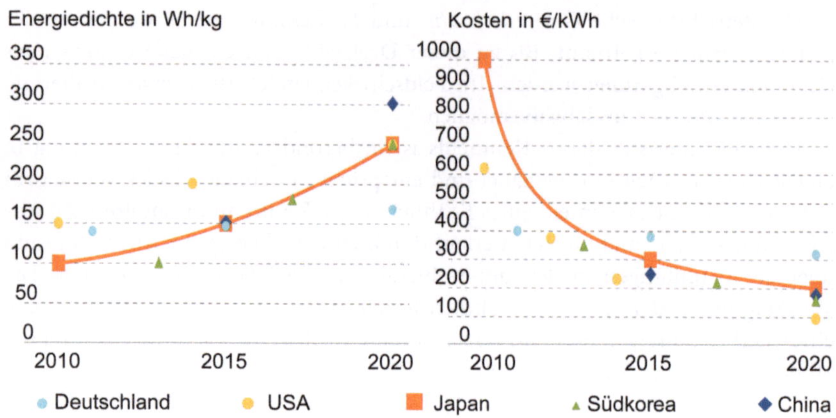

Abb. 2.11 Zielwerte für die F&E bei Lithium-Ionen-Batterien. (Thielmann et al. 2012)

Verbrauch steht, ist eine Erhöhung der Reichweite letztlich mit einer Steigerung des Verbrauchs verbunden. Der erzielbaren Reichweite eines Batteriefahrzeugs sind damit sowohl technische wie auch vielmehr praktikable Grenzen gesetzt.

2.3.3 Tatsächlich gefahrene Fahrdistanzen

Die zuvor beschriebenen Engpässe bei der Bereitstellung bzw. Mitführung von Energie im Batteriesystem führt vor allem im Vergleich zu Fahrzeugen mit Verbrennungsmotor zu einer reduzierten Reichweite zwischen den Ladevorgängen. Typischerweise liegt diese bei aktuell am Markt verfügbaren Batteriefahrzeugen zwischen 130 und 180 km – unter den vorgeschriebenen Randbedingungen bei der Ermittlung dieser Reichweite im Neuen Europäischen Fahrzyklus (NEFZ).

Im Vergleich zu dieser verfügbaren Reichweite ist in Abb. 2.12 die tägliche Gesamtfahrleistung von PKW in Deutschland nach ihrer Häufigkeit aufgeschlüsselt.

Eine Vielzahl an Studien (z. B. Hofmann 2010; VDE, 2010; Wallentowitz et al. 2010) konnte diese bzw. sehr ähnliche Verteilungen für PKW in Deutschland nachweisen. Im direkten Vergleich mit der Reichweite kann auf eine mögliche Abdeckung von rund 90 % aller Fahrten bei privaten Haltern und etwa 81 % bei gewerblich betriebenen Fahrzeugen geschlossen werden. Selbst unter Berücksichtigung der Nutzung von Nebenaggregaten und den äußeren Umwelteinflüssen (vgl. Abschn. 2.2) auf die Reichweite, könnte ein Großteil aller Fahrzeuge mit der bereit-

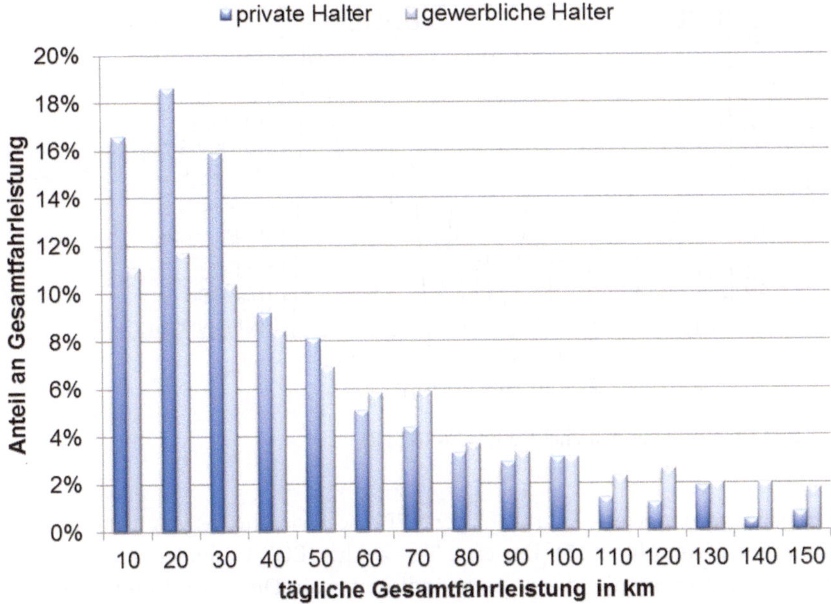

Abb. 2.12 Tägliche Gesamtfahrleistung von PKW in Deutschland. (VDE 2010)

gestellten Energie resp. Reichweite die durchschnittlichen täglichen Anforderungen erfüllen.

Trotz dieser Abhängigkeiten bleiben insbesondere in Ausnahmefällen, wie z. B. längeren Ausflügen, Urlaubsfahrten oder Dienstreisen, die Nachteile der geringen Reichweite bestehen und bedürfen daher entweder eines anderen Fahrzeugs oder anderer technischer Lösungen.

2.3.4 Ermittlung von Schadstoffemission und Kraftstoffverbrauch

Die Ermittlung von Schadstoffemissionen und Kraftstoffverbrauch ist in der EU verbindlich durch die Richtlinie 70/220/EWG und deren Aktualisierungen geregelt. Dort wird u. a. das abzufahrende Geschwindigkeitsprofil, der sog. Neue Europäische Fahrzyklus (NEFZ), das übrige Prozedere der Versuchsdurchführung sowie die entsprechenden Randbedingungen vorgeschrieben.

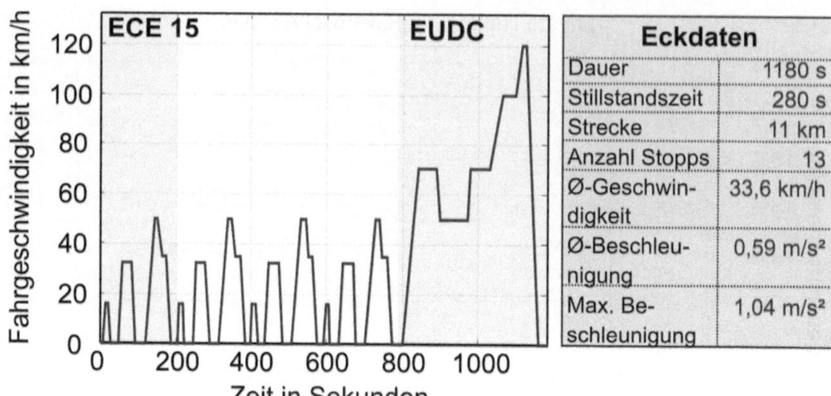

Abb. 2.13 Neuer Europäischer Fahrzyklus (NEFZ)

Das zugrunde gelegte Fahrprofil, der NEFZ, setzt sich aus insgesamt zwei Zyklen zusammen (vgl. Abb. 2.13). Der erste Teil-Zyklus (ECE 15) bildet eine Stadtfahrt mit vergleichsweise niedrigen Geschwindigkeiten ab. Dieser wird insgesamt viermal durchfahren. Im letzten Teil wird der Extra Urban Driving Cycle (EUDC) vorgegeben. Er stellt eine Überland- und Autobahnfahrt dar.

Aus diesem Profil ist leicht zu erkennen, dass es sich beim NEFZ um einen synthetischen Zyklus und nicht um eine Realfahrt handelt. Im realen Straßenverkehr ist das konstante Fahren und Beschleunigen so nicht möglich. Das Fahrprofil wird zudem auf einem Rollenprüfstand durch einen menschlichen Fahrer abgefahren. Hierdurch ergeben sich zwar leichte Abweichungen vom Referenzprofil. Diese müssen allerdings in einem vorgegebenen Toleranzband liegen, damit die Messung gewertet werden kann.

Neben dem Fahrprofil sind in der Anweisung jedoch noch weitere Rahmenbedingungen für die Durchführung vorgegeben. In der folgenden Auflistung werden einige wenige davon angegeben.

- Bei Handschaltgetrieben wird zusätzlich eine Gangvorgabe gemacht, sofern nicht eine Schaltempfehlung angegeben wird.
- Alle nicht zum Fahrbetrieb notwendigen Nebenaggregate (z. B. Radio, Heizung oder Klimaanlage) müssen bei der Versuchsdurchführung ausgeschaltet werden.
- Das zu vermessende Fahrzeug muss eine Mindestlaufleistung von 3000 km aufweisen.

- Die Messung wird unter Raumbedingungen bei einer Temperatur von 20 bis 30 °C und definierter Luftfeuchtigkeit durchgeführt.
- Vor Testbeginn wird das Fahrzeug mindestens sechs und maximal 36 Stunden vorkonditioniert. Dadurch wird eine Angleichung der Temperaturen des Fahrzeugs (z. B. Motoröltemperatur) an den Prüfraum erreicht.

Diese Rahmenbedingungen und ebenso das nicht realitätsnahe Geschwindigkeitsprofil haben zur Folge, dass der reale Kraftstoffverbrauch im Fahrbetrieb z. T. deutlich bis zu 20 % von den aus der Messung im NEFZ gewonnenen Daten abweichen kann. Allerdings lag die Ermittlung des tatsächlichen Kraftstoffverbrauchs bei der Entwicklung des NEFZ nicht im Fokus, sondern vielmehr die Vergleichbarkeit von Fahrzeugen (auch in verschiedenen Typenklassen). Aus diesem Grund werden in der Automobilindustrie neben dem vorgeschriebenen NEFZ weitere hersteller- und kundenspezifische Fahrzyklen eingesetzt.

2.4 Schadstoffemissionen

Der Begriff Schadstoffemission gewinnt in nahezu allen Bereichen der Mobilität an Bedeutung. Insbesondere das gesellschaftliche Umweltbewusstsein und daraus abgeleitet die globale Gesetzgebung sowie die auf Effizienz fokussierten Entwicklungen in der Automobilindustrie zeigen die wachsende Bedeutung. Im Folgenden soll auf einige wenige Aspekte eingegangen werden.

2.4.1 Legislative: Globale CO_2-Grenzwerte

Die bisher erlassenen Grenzwerte für den CO_2-Austoss von Kraftfahrzeugen sind weltweit stark unterschiedlich, s. Abb. 2.14. Momentan nimmt dabei Europa eine Spitzenposition ein.

Die Limitierung der hier gezeigten CO_2-Grenzwerte vollzieht sich dabei in mehreren Etappen. Bei Überschreitungen dieser Grenzwerte werden – zumindest in der EU – z. T. erhebliche Strafzahlungen fällig. Für den Fahrzeughersteller BMW ist in (Wallentowitz et al. 2010) eine Beispielrechnung aus dem Jahr 2010 dargestellt. Im Ergebnis würde sich dort eine Strafzahlung von rund 1,8 Mrd. Euro p. a. ergeben. Dieser Betrag wiederum bietet ein großes Potential für Entwicklungen im Bereich Energieeffizienz und damit für die Reduzierung der Schadstoffemission.

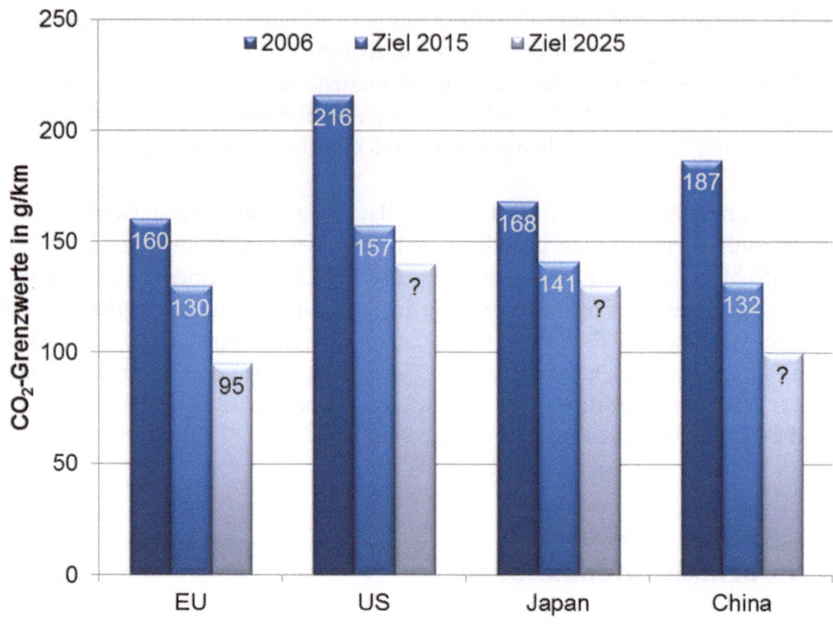

Abb. 2.14 Globale CO_2-Grenzwerte. (Kalmbach et al. 2011)

2.4.2   Potentiale und Kosten zur CO_2-Reduktion in Kraftfahrzeugen

Eben diese Entwicklungen werden bei einem verbrennungsmotorisch betriebenen Fahrzeug bereits auf Seiten der Thermodynamik durch den Carnot'schen Wirkungsgrad des Verbrennungsmotors relativ stark beschränkt. Zwar gibt es immer noch Potential auf diesem Gebiet, jedoch zeigt die Verbindung mit einem elektrischen Antrieb in einem Hybridfahrzeug weitere Einsparpotentiale. Als Folge dessen werden im Antriebsstrang zusätzliche Komponenten verbaut werden. In Abb. 2.15 sind verschiedene Ausbaustufen der Hybridfahrzeuge bzgl. ihres CO_2-Reduktionspotentials dargestellt.

In der Abbildung werden jeweils die Kennwerte eines optimierten Verbrennungsmotors, verschiedener Hybridantriebe und eines Batteriefahrzeugs hinsichtlich ihres Einsparpotentials und der anfallenden Kosten der Modifikationen im Antriebsstrang im Jahr 2010 und 2025 verglichen. Zudem ist die Betrachtung im Jahr 2010 durch die alleinige Betrachtung der lokalen CO_2-Reduktion (am „Auspuff

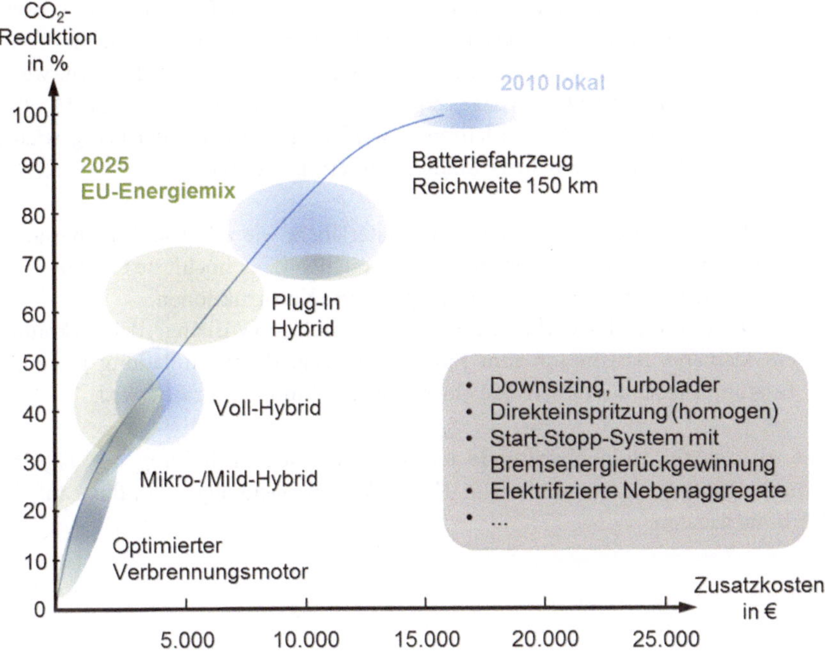

Abb. 2.15 Entwicklung der Kosten für Antriebsstrangmodifikationen

des Fahrzeugs") stark vereinfacht. Wird ein realer Energiemix zu Grunde gelegt, schwinden die Reduktionspotentiale von Plug-In-Hybrid und Batteriefahrzeug auf ca. die Hälfte.

2.4.3   Entwicklung des CO$_2$-Ausstosses am Beispiel Deutschland

Eine umfangreiche Recherche der Daten von in Deutschland in den Jahren 1985–2012 zugelassenen Kraftfahrzeugen ergab, dass sich in diesem Zeitraum der durchschnittliche NEFZ-Verbrauch, abhängig von der Fahrzeugklasse um ca. 25–35 % verringert hat. Da der Verbrauch in etwa proportional zum CO$_2$-Ausstoss verläuft, gilt dieses Ergebnis auch für letzteren. Diese Reduktion wurde durch eine dramatische Verbesserung des Wirkungsgrades des Antriebsstrangs aber auch durch Zusatzmaßnahmen, wie die Verringerung des äußeren und inneren Luftwiderstandes, des Abschalten des Motors bei stehendem Fahrzeug, verbesserte Schaltstrategien bei Automatikgetrieben, Schaltpunktanzeigen, etc. erreicht.

Der Verbrauch hätte sich durchaus noch günstiger entwickeln können, wenn sich nicht im gleichen Zeitraum das Leergewicht der Kraftfahrzeuge um ca. 25–50 % erhöht hätte. Erst in den letzten Jahren ist wieder ein Rückgang der Leergewichte zu verzeichnen. Diese Gewichtsreduktion wird erreicht durch

- den Einsatz bisher nicht eingesetzter Materialien, wie z. B. Carbon, aber auch optimierte Varianten herkömmlicher Materialien (z. B. hochfeste Stähle),
- im Hinblick auf Gewichtsreduktion optimierte Konstruktionen,
- die Optimierung des Verbrennungsmotors durch „downsizing", d. h. es kommt ein kleinerer Basismotor zum Einsatz, der z. B. durch Aufladung in seiner Leistung wieder auf das Niveau eines größeren Motors gebracht wird.

Die gleichzeitig zu beobachtende teilweise drastische Erhöhung der Fahrleistungen hat jedoch, zumindest im NEFZ, keinen nachteiligen Einfluss auf die Verbrauchsdaten.

(Teil-) Elektrische Kfz-Antriebe

3

Aufgrund der zuvor genannten Einflussfaktoren zeichnet sich weltweit ein steigender Anteil an zumindest teilelektrischen Kraftfahrzeugen ab. Hierbei wird jedoch eine Fülle unterschiedlicher Konzepte eingesetzt werden. Auch reine Elektrofahrzeuge und alternative Kraftstoffe werden an Bedeutung gewinnen. Im Folgenden werden daher die grundlegenden Technologien vorgestellt.

3.1 Hybridfahrzeuge

Der Begriff *hybrid* (lat. Mischling) kennzeichnet in der heutigen Automobiltechnik hauptsächlich die Antriebsart eines Fahrzeugs, welches mehr als ein Antriebsaggregat nutzen kann. Die Zusammenstellung der in der Regel zwei Aggregate (Verbrennungs- und Elektromotor) kann anhand des Leistungsverhältnisses oder der mechanischen bzw. elektrischen Kopplung charakterisiert werden.

3.1.1 Hybridisierungsgrad des Antriebsstrangs

Der sog. Hybridisierungsgrad beschreibt dabei das Verhältnis der elektrischen Antriebsleistung zur Gesamtantriebsleistung von Verbrennungs- und Elektromotor und dient als Indikator für die vom Fahrzeug zur Verfügung gestellten Funktionalitäten. Eine Übersicht über diese Funktionalitäten ist in Abb. 3.1 schematisch dargestellt.

Die Basis dieser Betrachtungen bildet der Mikrohybrid, welcher bereits bei einem Hybridisierungsgrad bei bzw. nahe null als Hybrid bezeichnet wird. Dieser ist allerdings nicht in der Lage das Fahrzeug unter Nutzung des elektrischen

D. Schramm, M. Koppers, *Das Automobil im Jahr 2025*, essentials,
DOI 10.1007/978-3-658-04185-4_3, © Springer Fachmedien Wiesbaden 2014

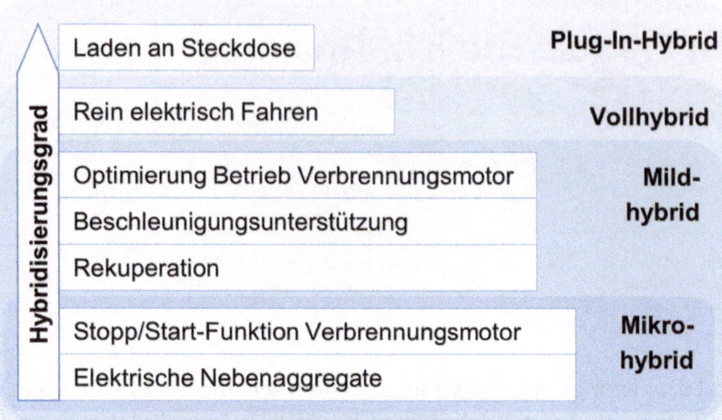

Abb. 3.1 Klassifizierung anhand des Hybridisierungsgrads. (Schramm et al. 2011)

Aggregats anzutreiben. Die zur Verfügung gestellten Funktionalitäten beschränken sich auf eine Stopp/Start-Automatik, welche den Verbrennungsmotor unter verschiedenen Randbedingungen ausschaltet und bei Bedarf erneut startet. Diese Abschaltung kann die Notwendigkeit, verschiedene Nebenaggregate wie z. B. Kühl- und/oder Klimatisierungssysteme zu elektrifizieren, implizieren, da z. T. ein vom Stillstand des Verbrennungsmotors unabhängiger Betrieb gewährleistet sein muss bzw. aus Komfortgründen gewährleistet sein sollte. Zudem kann die durch diese Unabhängigkeit erhöhte Flexibilität im Betrieb der Verbraucher zu einer Verbrauchseinsparung führen.

Der sog. Mildhybrid stellt das erste Konzept mit elektromotorischer Antriebsleistung dar. Allerdings ist die verfügbare Leistung hier stark eingeschränkt, sodass lediglich eine Beschleunigungsunterstützung (boosten) durchgeführt werden kann. Im Boost-Modus wird der Verbrennungsmotor durch zusätzlich bereit gestelltes Antriebsmoment entlastet bzw. ergänzt. Dadurch ist sowohl die Phlegmatisierung des (verbrennungsmotorischen) Betriebs bzw. ein Downsizing, also die Verkleinerung des Aggregats, möglich. Die im normalen Fahrbetrieb auftretenden Leistungsspitzen können dabei durch den Elektromotor zur Verfügung gestellt werden. Ein weiterer Vorteil ist die Fähigkeit zur Rekuperation. Dabei wird ein Teil der geforderten Verzögerungsenergie nicht von der konventionellen Bremsanlage in Wärme, sondern vom Elektromotor im generatorischen Betrieb in elektrische Energie gewandelt und in der Batterie gespeichert. Die zurück gewonnene Bremsenergie kann anschließend bei Beschleunigungsvorgängen erneut genutzt werden.

Rein elektrisches Fahren wird erst bei höheren Hybridisierungsgraden ermöglicht. Solche Fahrzeuge werden als Vollhybrid bezeichnet. Als Beispiel kann hier der seit nunmehr 16 Jahren am Markt verfügbare Toyota Prius genannt werden. Da bei allen diesen Konzepten die mitgeführte Batterie relativ wenig Kapazität besitzt, ist diese vergleichsweise klein und kann beim Vollhybrid lediglich Energie für bis zu 5 km rein elektrischer Fahrt zur Verfügung stellen.

Wird im Fahrzeug eine größere Batterie mit höherer Kapazität eingesetzt, kann eine höhere elektrische Reichweite um die 50 km erreicht werden. In diesem Falle muss allerdings eine stark erhöhte Energiemenge zum Nachladen aufgebracht werden, welche sinnvollerweise nicht über den vergleichsweise ineffizienten Verbrennungsmotor sondern über das Laden an der Steckdose bereitgestellt wird. Dieses Konzept wird als Plug-In-Hybrid bezeichnet.

3.1.2 Topologie des Antriebsstrangs

Eine weitere Möglichkeit der Unterscheidung kann anhand der topologischen Verschaltung vorgenommen werden. In der Regel können diese Prinzipien auch den zuvor vorgestellten Konzepten zugeordnet werden. Im Folgenden werden lediglich die drei grundsätzlichen Arten der Kopplung der beiden Aggregate vorgestellt. Die Fülle der in der Entwicklung bzw. im Einsatz befindlichen Konzepte lassen sich in weiten Teilen durch diverse Modifikationen und Kombinationen hieraus ableiten.

3.1.2.1 Paralleler Hybrid

Die parallele Struktur wird meist bei Mikro- und Mildhybridfahrzeugen, z. T. allerdings auch bei Vollhybriden eingesetzt. Wie in Abb. 3.2 dargestellt, können bei dieser Antriebsart sowohl der Verbrennungsmotor (VM) als auch der Elektromotor (EM) über das Automatikgetriebe (AG) und das Differential (D) auf die Antriebsachse zugreifen. Der Verbrennungsmotor wird dabei aus dem Kraftstofftank (T), der Elektromotor über die notwendige Leistungselektronik (LE) aus dem Batteriesystem (B) mit Energie versorgt. Zur mechanischen Abkopplung des Verbrennungsmotors von der Antriebswelle kann eine Kupplung (K) genutzt werden.

Diese Anordnung bietet u. a. den Vorteil, dass der bestehende konventionelle Antriebsstrang weitgehen unbeeinflusst bleibt. Es ist lediglich die mechanische Anbindung des Elektromotors und dessen Energieversorgung zu realisieren. Auch die Leistungsklasse des Elektromotors kann vergleichsweise einfach skaliert werden. Allerdings besteht beim Betrieb des Verbrennungsmotors eine mechanische

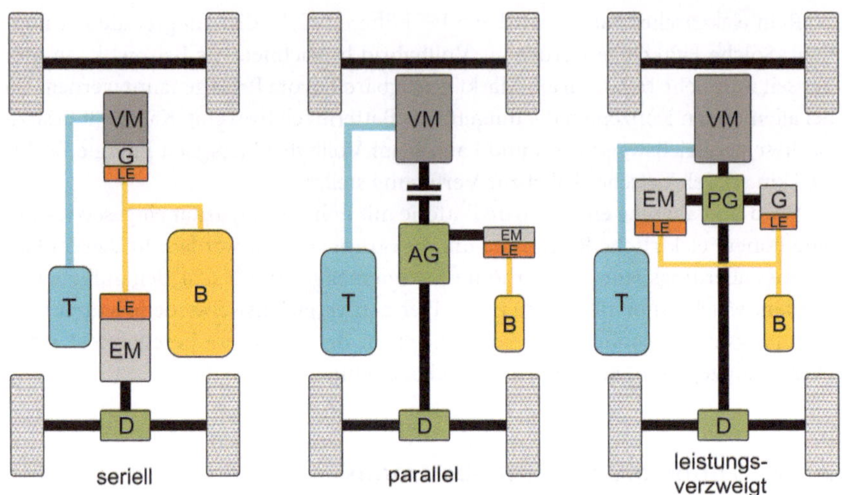

Abb. 3.2 Antriebsstrang-Topologie von Hybridfahrzeugen. (Schramm et al. 2011)

Verbindung zur Antriebsachse und damit eine direkte Abhängigkeit von Motordrehzahl und Fahrgeschwindigkeit. Somit kann der Elektromotor lediglich zur Beeinflussung des Drehmoments des Verbrennungsmotors genutzt werden.

3.1.2.2 Serieller Hybrid

Die Struktur des seriellen Hybrids ist ebenfalls in Abb. 3.2 dargestellt. Im Unterschied zum parallelen Hybrid treibt der Verbrennungsmotor (VM) hier lediglich einen Generator (G) mit zugehöriger Leistungselektronik (LE) an. Die bereit gestellte elektrische Energie kann dann in der Batterie (B) gespeichert oder im Elektromotor (EM) zum Antrieb genutzt werden. Dieses Konzept wird meist als Plug-In-Hybrid verwendet. In diesem Fall dient das Verbrennungsmotor-Generator-Modul als sog. Reichweitenverlängerer (Range-Extender).

Da bei diesem Konzept die mechanische Kopplung von Verbrennungsmotor und Antriebsachse entfällt, kann der Verbrennungsmotor unabhängig vom aktuellen Fahrzustand betrieben werden. Durch diese optimale Betriebsweise können die Wandlungsverluste zum Großteil ausgeglichen werden. Allerdings sind in dieser Topologie zwei elektrische Maschinen sowie ein relativ großes Batteriesystem verbaut. Letzteres resultiert aus der Anforderung einer erhöhten elektrischen Reichweite. Da der Elektromotor hier der einzige Fahrantrieb ist, muss er zudem entsprechend leistungsstark dimensioniert werden.

3.1.2.3 Leistungsverzweigter Hybrid

Der leistungsverzweigte Hybrid stellt eine Art Kombination der beiden oberen Konzepte dar (siehe Abb. 3.2). Die vom Verbrennungsmotor (VM) bereitgestellte Leistung wird im Planetengetriebe (PG) z. T. zur Antriebsachse durchgeleitet und zum anderen Teil im Generator (G) in elektrische Energie gewandelt. Diese Aufteilung ist dem mechanischen Aufbau des Planetengetriebes geschuldet und zudem Namensgeber dieser Hybridvariante. Über den zusätzlichen Elektromotor (EM) kann weiterhin ein additives Drehmoment aufgebracht werden.

Der Einsatz des Planetengetriebes erlaubt in dieser Anordnung eine nahezu freie Betriebspunktwahl des Verbrennungsmotors und realisiert zudem eine stufenlose Übersetzung zwischen Verbrennungsmotor und Antriebsachse. Allerdings sind ein hoher konstruktiver Aufwand sowie ebenfalls der Einsatz zweier elektrischer Maschinen notwendig. Diese Anordnung wird vor allem bei Vollhybridfahrzeugen eingesetzt.

3.2 Elektrofahrzeuge

Elektrofahrzeug ist i. A. die Bezeichnung für ein Fahrzeug mit rein elektrischem Fahrantrieb. Dieser Begriff umfasst sowohl Batterie-betriebene elektrische Fahrzeuge als auch Fahrzeuge mit Brennstoffzelle (Doll 2007).

Letztere befinden sich zwar noch im Entwicklungsstadium, konnten allerdings schon erste Dauertests absolvieren. Im Jahr 2011 haben drei Mercedes-Benz B-Klasse F-CELL mit Brennstoffzellenantrieb beim Mercedes-Benz F-CELL World Drive mehr als 30.000 km rund um den Globus zurückgelegt. Allerdings ist die notwendige Infrastruktur zur Bereitstellung des Wasserstoffs lediglich rudimentär vorhanden.

Verbreiteter sind die reinen Batteriefahrzeuge. Obwohl in diesem Bereich ebenfalls noch weitere Entwicklungen notwendig sind, können erste Serienfahrzeuge z. B. von Mitsubishi und Renault am freien Markt erworben werden. Diese Fahrzeuge besitzen Reichweiten um ca. 150 km nach der vorgeschriebenen Messmethodik im Neuen Europäischen Fahrzyklus (NEFZ).

Die tatsächlich nutzbare Reichweite unterliegt in der Realität jedoch einer großen Abhängigkeit von Fahrstil, Nutzung der Nebenaggregate (Klimaanlage, Heizung, etc.) sowie den Umweltbedingungen. In Abb. 3.3 sind die Ergebnisse einer entsprechenden Simulationsstudie aus (Koppers et al. 2012) dargestellt.

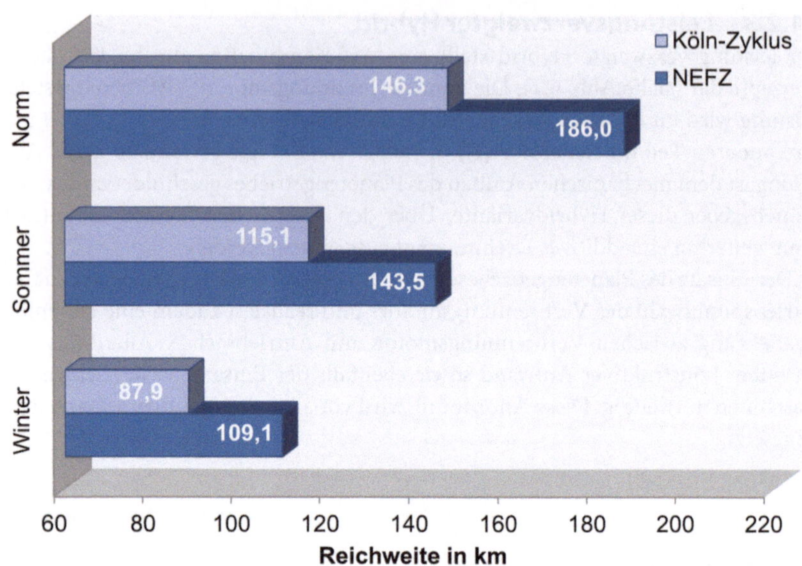

Abb. 3.3 Simulationsstudie zur Reichweite von Elektrofahrzeugen. (Koppers et al. 2012)

In der Grafik sind die Reichweiten für zwei unterschiedliche Fahrprofile (NEFZ und Köln-Zyklus) in je drei unterschiedlichen Anwendungsszenarien angegeben. Wie bereits erwähnt, bildet der NEFZ das in Europa vorgeschriebene Geschwindigkeitsprofil für die Ermittlung von Verbrauch und Reichweite sowohl von konventionellen als auch elektrischen Fahrzeugen (vgl. Absch. 2.2.4). Der Köln-Zyklus dagegen bildet eine realitätsnahe Stadtfahrt im Zentrum von Köln ab (siehe Koppers et al. 2012). Vorgeschrieben im NEFZ ist ebenfalls das Ausschalten sämtlicher Nebenaggregate. Diese Voraussetzungen sind im Szenario Norm zu Grunde gelegt. Die Szenarien Sommer und Winter dagegen setzen sowohl den Betrieb von Nebenaggregaten (hauptsächlich Klimaanlage bzw. Heizung) als auch variierende Umgebungsbedingungen (Temperatur) voraus. Insbesondere beim realitätsnahen Fahrbetrieb im Winter sind deutliche Einbußen in der tatsächlich nutzbaren Reichweite fest zu stellen. Diese Ergebnisse werden u. a. durch praktische Tests realer Batteriefahrzeuge bestätigt (Bloch 2011). Diese Nachteile gilt es in Zukunft durch geeignete technische Maßnahmen zu mindern.

Trotz der o. g. Problematik lässt sich z. B. der CO_2-Ausstoss durch den Einsatz von Batteriefahrzeugen deutlich reduzieren. Die Ergebnisse einer weiteren Simulationsstudie sind in Abb. 3.4 dargestellt.

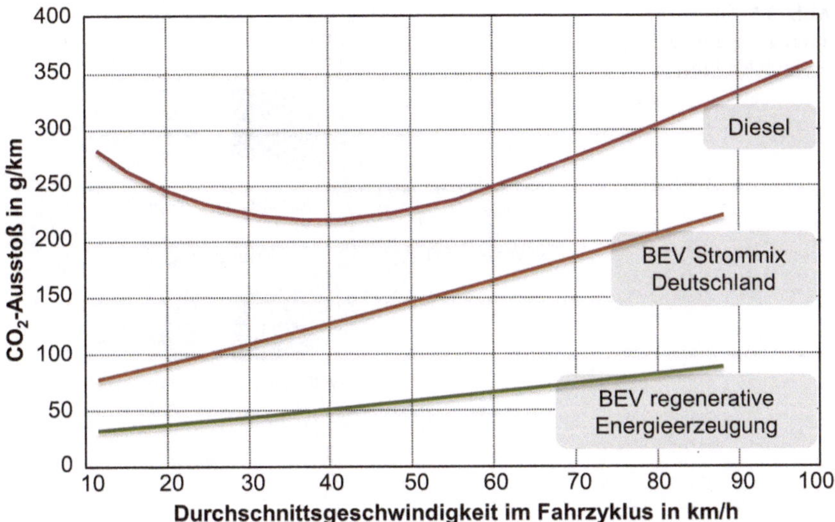

Abb. 3.4 Vergleich der CO_2-Emissionen von verschiedenen Antriebsstrangkonzepten eines kleinen Nutzfahrzeugs

Die Basis dieser Studie bilden 31 internationale Fahrzyklen sowie ein verbrennungsmotorischer und ein batterieelektrischer Antriebsstrang eines kleinen Nutzfahrzeugs (ohne Nutzung von Nebenaggregaten). Dargestellt sind im Wesentlichen die Ausgleichskurven der CO_2-Emission für das Diesel-Aggregat und für das elektrische Antriebssystem beim deutschen Energiemix aus dem Jahre 2010 sowie bei regenerativer Energieerzeugung. Sowohl der Energiemix wie auch die regenerative Energieerzeugung berücksichtigen die Emission bei der Förderung des Rohstoffs, dem Auf- und Abbau der notwendigen Anlagen und/oder der Produktion des Energiewandlers. Die Durchschnittsgeschwindigkeit im Zyklus ist ein Indikator für das jeweilige Anwendungsgebiet. Höhere Geschwindigkeiten kennzeichnen Autobahnfahrten, niedrige Geschwindigkeiten dagegen werden lediglich bei Stadtfahrten erreicht. Je nach Anwendungsfall können erhebliche Mengen CO_2 eingespart werden. Insbesondere Stadtfahrten mit vergleichsweise häufigen Anfahr- und Anhaltevorgängen bieten ein großes Potential.

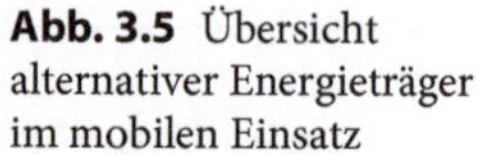

Abb. 3.5 Übersicht alternativer Energieträger im mobilen Einsatz

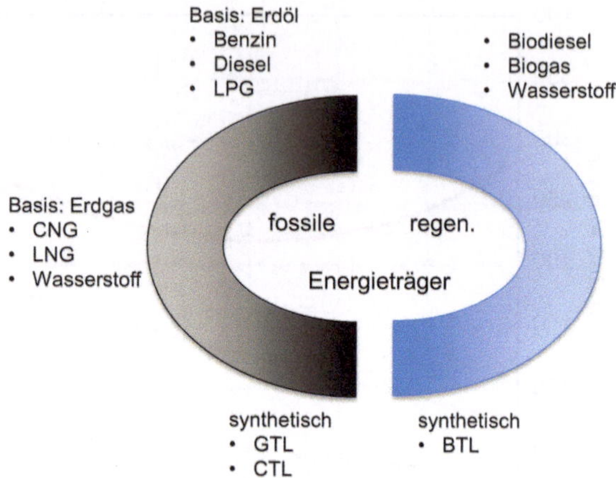

3.3 Alternative Kraftstoffe

Unabhängig von den Bestrebungen zur Elektrifizierung des Antriebsstrangs werden weitere Anstrengungen zur Effizienzsteigerung oder zur Emissionsminderung vorgenommen. Eine Möglichkeit bildet der Einsatz alternativer Kraftstoffe. Hierzu zählen Bio-Kraftstoffe, wie z. B. Bio-Diesel, Flüssiggas (LPG, Liquid Petroleum Gas), erdgasbasierte Kraftstoffe (CNG, Compressed Natural Gas und LNG, Liquefied Natural Gas) und Bio-Gase sowie synthetische Kraftstoffe, welche durch die Verflüssigung von Kohle (CtL, Coal-to-Liquid), Gas (GtL, Gas-to-Liquid) oder Biomasse (BtL, Biomass-to-Liquid) gewonnen werden können (vgl. Abb. 3.5).

Allen diesen Kraftstoffen ist jedoch gemein, dass sie weiterhin in Verbrennungsmotoren eingesetzt werden. Zudem entstehen durch die chemische Zusammensetzung des jeweiligen Kraftstoffs Emissionen im Herstellungsprozess des Kraftstoffs sowie im Betrieb des Fahrzeugs. Da für den Herstellungsprozess jedoch z. T. unterschiedliche Rohstoffe und erneuerbare Energien genutzt werden können, streut die Gesamtenergie- und -emissionsbilanz mitunter sehr stark. Unter manchen Voraussetzungen kann der CO_2-Ausstoss über dem von konventionellen Kraftstoffen liegen. Allerdings ist der CO_2-Kreislauf im alternativen Fall geschlossen.

Wirtschaftlichkeit (teil-) elektrischer Fahrzeugantriebe 4

Die Kosten von BEVs (engl. Battery Electric Vehicles) und HEVs (engl. Hybrid Electric Vehicles) werden derzeit maßgeblich durch die elektrischen Energiespeicher bestimmt. Gleichzeitig stellt die, verglichen mit chemischen Energieträgern völlig unzureichende Energiedichte, die heute übliche Reichweiten unerreichbar macht, eine der größten Herausforderungen dar.

Um der elektrischen Antriebstechnik zum Durchbruch zu verhelfen, ist es erforderlich, die Kosten eines Fahrzeugs zumindest in die Nähe des heute bei verbrennungsmotorischen Antrieben vorhandenen Kostenniveaus zu bringen. Hierbei muss berücksichtigt werden, dass heute nicht vorhandene Komponenten hinzukommen, dass aber andererseits auch Komponenten entfallen.

In Abb. 4.1 wird der Versuch unternommen, den Kostenrahmen für einen Batteriesatz eines Kompaktklassefahrzeugs grob abzuschätzen.

In der Grafik wurde in einer ganzheitlichen Betrachtung die „cost of ownership" zugrunde gelegt, was bei privaten Nutzern ein Umdenken erforderlich machen würde. Selbst bei dieser Betrachtung kann bei einem reinen BEV realistisch lediglich eine Zielreichweite von etwa 150 Kilometern mit einer Batterieladung angenommen werden. Dies ist im Vergleich zu einem konventionellen Fahrzeug zwar immer noch gering, für ein in der Stadt betriebenes Kleinfahrzeug jedoch durchaus akzeptabel. Der geschätzte Kostenrahmen für den Speicher liegt unter den genannten Voraussetzungen bei ungefähr 7000 Euro. Das bedeutet, dass die Kosten je kWh Lithium-Ionen-Batterie bei maximal 350 Euro liegen dürfen. Die Kosten in 2010 lagen bei ungefähr 1000 Euro je kWh.

Werden größere Reichweiten gefordert, so ist der Einsatz eines Hybridfahrzeugs, z. B. eines BEV mit Range Extender deutlich günstiger. Die Schlussfolgerung ist, dass zumindest in einer lange andauernden Übergangsphase ein Hybridfahrzeug für den normalen Nutzer den besten Kompromiss darstellen dürfte. Insbesondere dürften sich mittelfristig Hybridkonzepte durchsetzen, die es gestatten mit

D. Schramm, M. Koppers, *Das Automobil im Jahr 2025*, essentials, DOI 10.1007/978-3-658-04185-4_4, © Springer Fachmedien Wiesbaden 2014

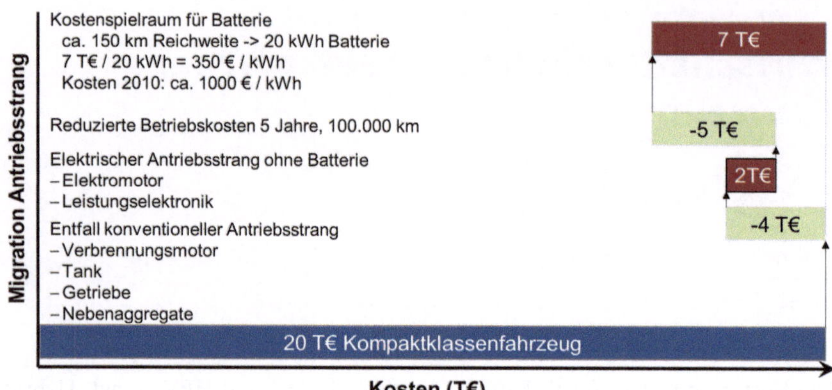

Abb. 4.1 Kosten Batterie und Antriebsstrang. (Schramm et al. 2011)

einer möglichst kleinen Batterie dennoch relativ große elektrische Fahranteile zu realisieren (Ried 2013; Ried et al. 2013).

Entwicklung des Automobilmarkts bis 2025

5

Aus den dargestellten Rahmenbedingungen lassen sich verschiedene Entwicklungen im Automobilmarkt für die nächsten Jahre ableiten. Im Folgenden wird auf mögliche Szenarien auf dem automobilen Absatzmarkt, der Bereitstellung von Mobilität sowie der anteiligen Entwicklung von Antriebsstrang- und Kraftstoffarten eingegangen. Dazu muss zunächst die Zunahme der Fahrzeugzahlen insgesamt abgeschätzt werden. Hierzu dienen Modelle, die von der geschätzten Zunahme des Bruttoinlandproduktes eines Landes auf die Anzahl der Fahrzeuge je Einwohner schließen lassen (Dargay et al. 2007), s. Abb. 5.1.

5.1 Mögliches Marktszenario in 2025

Der Prozess der zumindest teilweisen Elektrifizierung des Antriebsstrangs ist bei Fahrzeugherstellern und Zulieferern bereits in vollem Gange. Am Markt sind jedoch bis heute keine sichtbaren Mengen an BEVs und nur kleine Stückzahlen an HEVs zu beobachten. Aufgrund der Unsicherheiten in den zugrundeliegenden Technologien, insbesondere der Speichertechnologien, sind Vorhersagen über die Stückzahlentwicklung sehr schwierig. Basierend auf Daten und Stückzahlszenarien des CAR-Instituts der Universität Duisburg-Essen lässt sich das in Abb. 5.2 dargestellte Marktszenario ableiten. Dieses basiert auf einer Reihe von Annahmen, die nachfolgend zusammengefasst werden:

- die Steigerung der Rohölpreise und damit der Kosten für Kraftstoffe wird sich auch in den folgenden Jahren ungebremst fortsetzen. Im Jahr 2025 wird ein Ölpreis von deutlich oberhalb von 300\$ angenommen.

D. Schramm, M. Koppers, *Das Automobil im Jahr 2025*, essentials,
DOI 10.1007/978-3-658-04185-4_5, © Springer Fachmedien Wiesbaden 2014

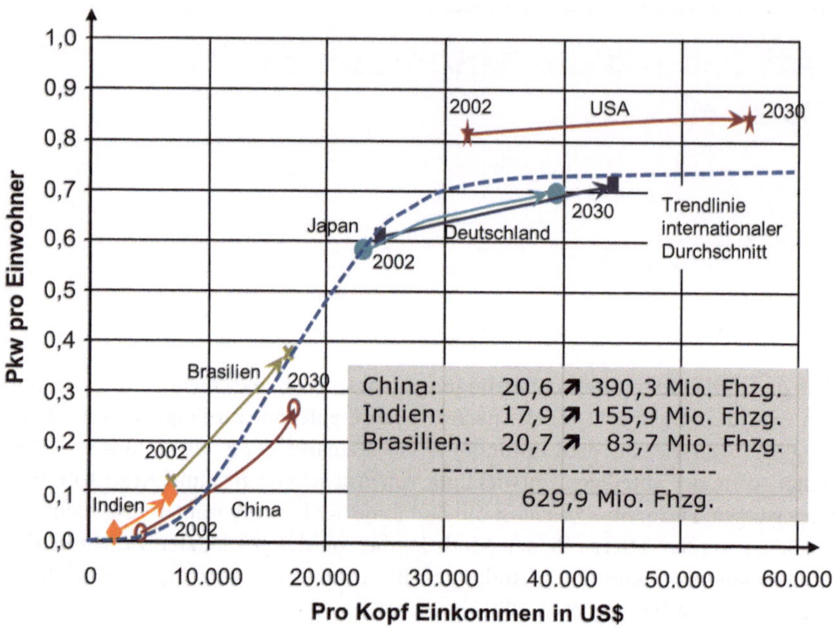

Abb. 5.1 Entwicklung des Autobestands. (in Anlehnung an (Dargay et al. 2007))

- Alternative Kraftstoffe werden zunehmend eingesetzt, können aber fossile Kraftstoffe nur teilweise ersetzen.
- Die Kosten für elektrische Energiespeicher werden sich wie oben beschrieben reduzieren.
- Weiterhin ist anzunehmen, dass sich der Zuwachs an Erstzulassungen weitgehend in Länder wie China und Indien verlagert und nicht nur dort (teil-) elektrisch angetriebene Fahrzeuge eine starke staatliche Förderung genießen.

Mit diesen Annahmen kommt man zu den folgenden Schlussfolgerungen:

- Wenn das Kostenproblem bei modernen Batteriesystemen gelöst werden kann, sind BEVs zukünftig bei Kleinfahrzeugen, insbesondere wenn sie in urbanen Großräumen (Megacities) bewegt werden, sehr gut als Ersatz für Fahrzeuge mit konventionellem Antrieb vorstellbar.
- Dies gilt in ähnlicher Weise auch für Transport- und Servicefahrzeuge im innerstädtischen Lieferverkehr. Dennoch kann man, aufgrund der Kosten der Batterien und der noch nicht ausgebauten Infrastruktur, davon ausgehen, dass

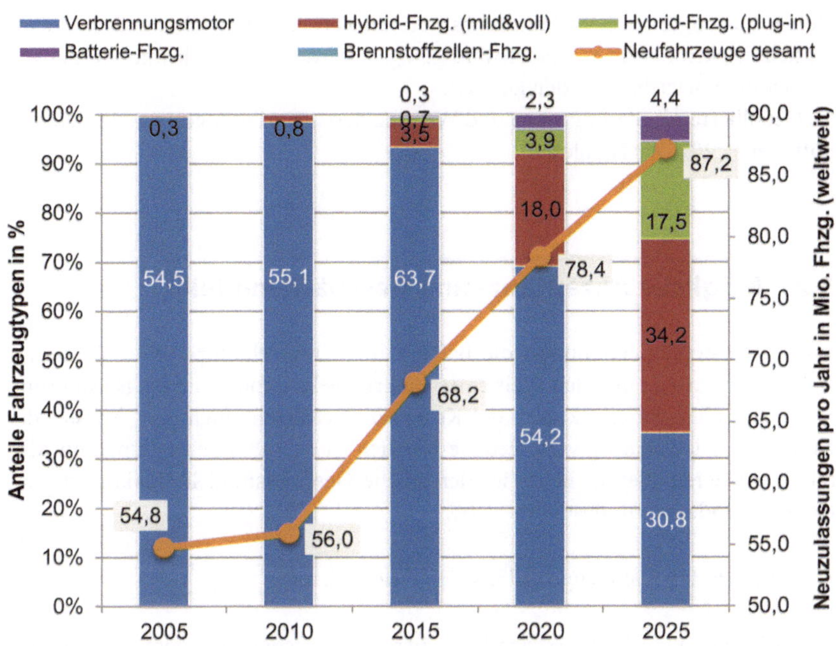

Abb. 5.2 Abschätzung der Fahrzeugneuzulassungen nach Antriebsart. (Dudenhöffer 2010)

auch im Jahre 2025 der Anteil rein elektrisch betriebener Fahrzeuge noch recht gering – weniger als fünf Prozent – sein wird.

Bei den verschiedenen Hybridvarianten dürften insbesondere PHEVs (engl. Plug-In HEV) aufgrund ihrer erheblichen Verbrauchsvorteile und der Tatsache, dass ein Verbrennungsmotor, der zum Beispiel als Range-Extender ausgelegt ist, die Verbrauchsvorteile des BEV auf kurzen Strecken und im dichten Stadtverkehr mit denen eines hochoptimierten Verbrennungsmotors kombiniert, deutliche Zunahmen aufweisen. In diesem Fall kann die Batterie zugunsten der Kosten des Gesamtsystems kleiner gewählt werden, als dies bei einem reinen BEV der Fall wäre. Aus diesem Grund haben diese Fahrzeuge eine gute Chance bis 2025 etwa ein Drittel der neuzugelassenen Fahrzeuge auszumachen.

Etwas kleiner dürfte der Anteil der „mild & voll"-Hybrid-Fahrzeuge sein, wobei hier wiederum der Anteil der Vollhybridfahrzeuge deutlich in der Minderheit sein dürfte. Darüber hinaus werden auch im Jahr 2025 noch etwa ein Drittel der Neufahrzeuge rein verbrennungsmotorisch angetrieben werden. Dabei werden kleine, kostengünstige Verbrennungsmotoren vorherrschen, die durch hochentwickelte elektronische Steuersoftware geregelt werden und auch mit alternativen Kraftstoffen betrieben werden können.

Detaillierte Absatzprognosen und Wege zu deren Herleitungen sind in (Dudenhöffer et al. 2013) nachzulesen.

5.2　Mögliche Akzeptanz- und Geschäftsmodelle

Wie zuvor bereits erwähnt ist die Batterie die Schlüsselkomponente für die erzielbare Reichweite und den Preis eines batterie-elektrischen Fahrzeugs. Aufgrund der technischen Möglichkeiten, der Kosten und vielleicht auch der „Ängste" der Kunden werden künftig verschiedene Möglichkeiten zur Bereitstellung von Mobilität existieren. Bereits heute werden solche Geschäftsmodelle praktiziert bzw. eingeführt oder zumindest vorbereitet.

- Klassisch: Das Fahrzeug wird inkl. Batterie verkauft.

In der Weiterentwicklungwerden heute bereits Fahrzeuge inkl. dem notwendigen Ladeanschluss und Vertrag mit dem Energieversorger angeboten.

- Verteilte Kosten: In diesem Modell wird lediglich das Fahrzeug ohne Energiespeicher vom Kunden erworben. Die Batterie wird gesondert geleast. Einer der Vorteile dieses Konzepts ist, dass das Risiko des Ausfalls der (teuren) Batterie nicht beim Endkunden angesiedelt ist. Aktuell bietet Renault ein solches Modell an.
- Integrierte Mobilität: Gerade im Hinblick auf die Entwicklung zum Nutzen von Mobilität und nicht zwingend eines eigenen Kraftfahrzeugs werden künftig die verschiedenen Transportsysteme näher zusammen rücken.

Letzteres Konzept umfasst sowohl die Energieversorger, die Fahrzeughersteller oder Car-Sharing-Unternehmen sowie nicht zuletzt die Betreiber des öffentlichen Nahverkehrs. Entsprechende Kooperationsmöglichkeiten werden derzeit in verschiedenen Projekten getestet und weiterentwickelt (z. B. www.Ruhrauto-e.de).

Weitere, detaillierte Informationen zum Spannungsfeld Technik und Kosten können in (Ried 2013) nachgelesen werden. Informationen zu Geschäftsmodellen enthält (Proff 2013).

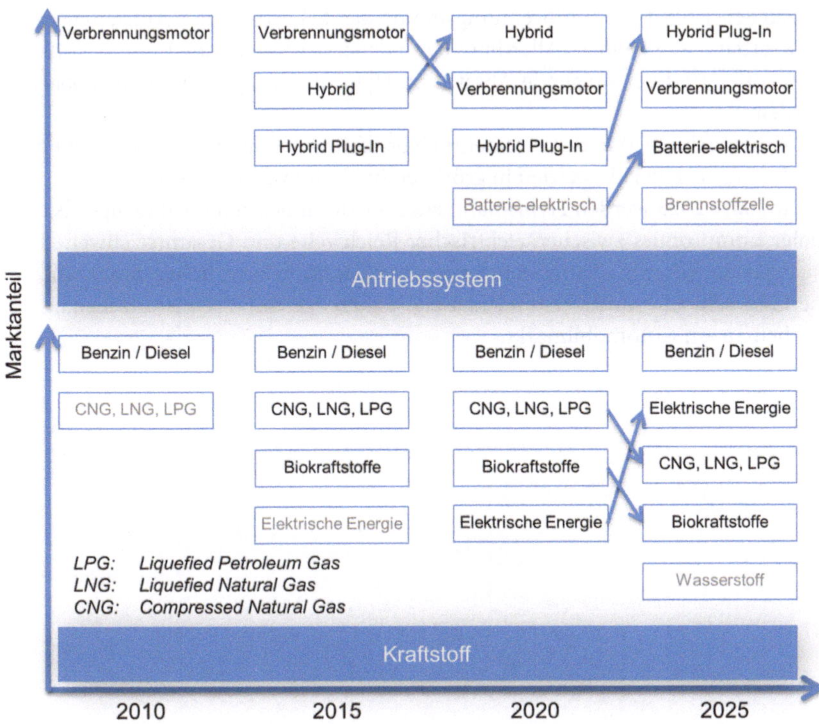

Abb. 5.3 Entwicklung der Anteile von Antriebssystemen und Kraftstoffen

5.3 Antriebs- und Kraftstofftechnologien

Die zuvor genannten Entwicklungen im technischen, wirtschaftlichen und gesell-
schaftlichen Bereich haben einen Wechsel vom konventionellen Verbrennungsmotor zum elektrischen Fahrzeugantrieb zur Folge. Dieser Wechsel wird allerdings
nicht schlagartig, sondern eher fließend von statten gehen (s. Abb. 5.3). Technisch
wird dieser fließende Übergang durch eine Reihe unterschiedlicher Fahrzeugkon-
zepte gestaltet werden. Hierzu zählen u. a. Hybrid- und Batteriefahrzeuge sowie
zusätzlich alternative und Biokraftstoffe zum Einsatz in konventionellen Verbrennungsmotoren, welche vornehmlich aus regenerativen Energien gewonnen
werden.

Zunächst wird der Verbrennungsmotor das beherrschende Antriebsaggregat im Kraftfahrzeug bleiben. Allerdings kann dabei der wachsende Einfluss von Biokraftstoffen und der steigende Absatz von Hybridfahrzeugen bis 2015 beobachtet werden.

Ab dem Jahr 2020 werden vermehrt Hybridfahrzeuge auf dem Markt erscheinen. Auch Plug-In-Hybride werden in größerer Stückzahl verfügbar sein.

Im Jahre 2025 werden Hybridfahrzeuge die dominierenden Fahrzeuge als optimaler Kompromiss zwischen elektrischer Reichweite und Gesamtreichweite bzw. Nachladedauer sein. Batteriefahrzeuge werden in relativ hoher Stückzahl bemerkbar sein und auch erste elektrische Fahrzeuge mit Brennstoffzellenantrieb erscheinen am Automobilmarkt.

Zusammenfassung 6

Der elektrifizierte Antriebsstrang ist keine Zukunftsvision mehr. Seine Einführung prägt nicht nur die öffentliche Meinung und wird wissenschaftlich vielfältig untersucht, sondern er hat auch seinen Weg in die Serienentwicklungsabteilungen der Automobilindustrie und ihrer Zulieferer gefunden.

Wie schnell und umfassend sich ein Wandel hin zu elektrischen Antriebsstrangen vollziehen kann, hängt jedoch von vielen Faktoren ab, die auf komplexe Art und Weise miteinander verwoben sind. Neben technologischen Fragestellungen, wie die nach einer bezahlbaren und ausreichend leistungsfähigen Batterietechnik, spielen hier auch ein möglicherweise explosionsartig steigender Öl- und Gaspreis, eine restriktive Gesetzgebung beim CO_2-Ausstoß sowie eine staatliche Förderung der Elektromobilität in einzelnen Ländern oder Regionen eine wichtige Rolle.

Der Fall des hundertjährigen Monopols des Verbrennungsmotors wird in den Jahren bis 2025 zu einer erheblichen Diversität der Antriebskonzepte führen. Insbesondere wird es auch in 2025 noch einen beträchtlichen Anteil von Fahrzeugen geben, die nicht oder nur in Teilen elektrifiziert sind. Die Differenzierung der Antriebslösung wird zumindest in einer Jahrzehnte dauernden Übergangsphase beträchtlich sein und vom rein verbrennungsmotorischen Antrieb auf der Basis fossiler und synthetischer Kraftstoffe über eine Vielfalt hybrider Antriebe bis hin zu rein elektrischen Antriebssträngen reichen. Die technische und insbesondere wirtschaftliche Beherrschung dieser Vielfalt durch abgestimmte Fahrzeugbaukästen und eine konsequente Wertgestaltung der Schlüsselkomponenten stellt die Herausforderung für Fahrzeughersteller und Zulieferer in den kommenden Jahrzehnten dar.

Die Fortentwicklung der Transportinfrastruktur stellt die Industrie hinsichtlich der Wertschöpfungspotenziale und die Gesellschaft hinsichtlich der Arbeitsplatzpotenziale jedoch nicht nur vor technische Herausforderungen, sondern ermöglicht auch völlig neue Vermarktungskonzepte. Allerdings erfordert sie auch Überzeugungsarbeit, der neuen Technik mit ihren Vorteilen aber auch möglichen Einschränkungen zum Durchbruch zu verhelfen.

D. Schramm, M. Koppers, *Das Automobil im Jahr 2025*, essentials, 37
DOI 10.1007/978-3-658-04185-4_6, © Springer Fachmedien Wiesbaden 2014

Literatur

Bloch, Alexander. 2011. Eiszapfen – Elektroauto-Reichweiten-Vergleich. *Auto motor und sport* 2011:1.

Dargay, Joyce, Dermot Gately, und Martin Sommer. 2007. Vehicle ownership and income growth, worldwide: 1960–2030. *Energy Journal* 28.

Doll, Claus. 2007. *Zukunftsmarkt Hybride Antriebstechnik.* [Studie] Karlsruhe: Fraunhofer-Institut für System- und Innovationsforschung (ISI). ISSN 1865–0538.

Dudenhöffer, Ferdinand. 2010. *Zukunftstaugliche Arbeitsplätze durch Batterie-Spitzentechnologie.* Duisburg: s.n.

Dudenhöffer, Ferdinand, Leoni Bussmann, und Kathrin Dudenhöffer. 2013. Absatzprognosen und Technologiesprung-Produkte. In *Herausforderungen für das Automotive Engineering & Management*, Hrsg. Heike Proff, 5, 65–82. Wiesbaden: Springer Gabler.

ExxonMobil. 2013. *The outlook for energy: A view to 2040.*

Grösch, Lothar. 2013. Safety – Quo Vadis. In *Herausforderungen für das Automotive Engineering & Management*, Hrsg. Heike Proff, 7, 97–106. Wiesbaden: Springer Gabler.

Hesse, Benjamin, et al. 2012. Einfluss verschiedener Nebenverbraucher auf Elektrofahrzeuge. In *Zukünftige Entwicklungen in der Mobilität*, Hrsg. Heike Proff, et al., 91–104. Wiesbaden: Springer Gabler.

Hofmann, Peter. 2010. *Hybridfahrzeuge – Ein alternatives Antriebskonzept für die Zukunft.* Wien: Springer. ISBN 978-3-211-89190-2.

Institut für Moblitätsforschung (ifmo). 2011. *Mobilität junger Menschen im Wandel – multimodaler und weiblicher.* München: Institut für Mobilitätsforschung (ifmo).

Kalmbach, Ralf, et al. 2011. *Automotive landscape 2025 – Opportunities and challenges ahead.* s.l.: Roland Berger Strategy Consultants.

Koppers, Martin, et al. 2012. Einfluss verschiedener Nebenverbraucher auf Elektrofahrzeuge. In *Zukünftige Entwicklungen in der Mobilität – Betriebswirtschaftliche und technische Aspekte*, Hrsg. Heike Proff, et al. Wiesbaden: Springer Gabler.

Lunkeit, Daniel. 2013. Konzeptbestätigung mechatronischer Systeme. In *Herausforderungen für das Automotive Engineering & Management*, Hrsg. Heike Proff, 3, 37–48. Wiesbaden: Springer Gabler.

Patberg, L., et al. 2013. Leichtbau mit Stahl – Ökonomie, Ökologie sowie technische Lösungen. In *Herausforderungen für das Automotive Engineering & Management*, Hrsg. Heike Proff, 9, 123–132. Wiesbaden: Springer Gabler.

D. Schramm, M. Koppers, *Das Automobil im Jahr 2025*, essentials,
DOI 10.1007/978-3-658-04185-4, © Springer Fachmedien Wiesbaden 2014

Proff, Heike. 2013. Geschäftsmodelle zwischen technischen Herausforderungen und betriebswirtschaftlichen Notwendigkeiten im Übergang in die Elektromobilität. In *Herausforderungen für das Automotive Engineering & Management*, Hrsg. Heike Proff, 1, 1–24. Wiesbaden: Springer Gabler.

Proff, Heike. 2013. *Herausforderungen für das Automotive Engineering & Management – Technische und betriebswirtschaftliche Ansätze*. Wiesbaden: Springer Gabler. ISBN 978-3-658-01816-0.

Ried, Michael. 2013. Technik- und Kostengesichtspunkte in der Entwicklung elektrifizierter Fahrzeuge. In *Herausforderungen an das Automotive Engineering und Management*, Hrsg. Heike Proff, 25–36. Wiesbaden: Springer Gabler.

Ried, Michael, et al. 2013. Cost-benefit analysis of plug-in hybrid electric vehicles. 115 (9): 44–49.

Schramm, Dieter, und Martin Koppers. 2011. Antriebsvielfalt der Zukunft – Zur Herausforderung der elektrischen und teilelektrischen Fahrzeugantriebe. *UNIKATE*. 2011:39.

Schramm, Dieter, und Martin Koppers. 2013. Automobile Landschaft im Jahr 2025– Vielfalt der Antriebstechnik. In *Herausforderungen für das Automotive Engineering & Management*, Hrsg. Heike Proff, 4, 49–64. Wiesbaden: Springer Gabler.

Schramm, Dieter, Manfred Hiller, und Roberto Bardini. 2013. *Modellbildung und Simulation der Dynamik von Kraftfahrzeugen*. 2. Aufl. s.l.: Springer. ISBN 978-3642338878.

Thielmann, Axel, et al. 2012. *Technologie-Roadmap Energiespeicher für die Elektromobilität 2030*. Karlsruhe: Fraunhofer-Institut für System und Innovationsforschung (ISI). ISSN 2192–3981.

VDE. 2010. *VDE-Studie: Elektrofahrzeuge – Bedeutung, Stand der Technik, Handlungsbedarf*. s.l.: VDE Verband der Elektrotechnik Elektronik Informationstechnik e. V.

Wallentowitz, Henning, Arndt Freialdenhoven, und Ingo Olschewski. 2010. *Strategien zur Elektrifizierung des Antriebstranges – Technologien, Märkte und Implikationen*. Wiesbaden: Vieweg+Teubner. ISBN 978-3-8348-0847-9.

Wortberg, Johannes, et al. 2013. Innovative Kunststoffanwendungen imk Automobil. In *Herausforderungen für das Automotive Engineering & Management*, Hrsg. Heike Proff, 107–122. Wiesbaden: Springer Gabler.